你喜欢玩什么游戏？

你喜欢清晨还是深夜？

科学真好玩儿

地球啊地球

[英] 卡米拉·德·拉·贝杜瓦耶 编

[英] 丹尼尔·莱利 绘

沉着 译

胡怡 审译

你擅长利用可回收资源吗？

你最好的朋友是谁？

你想去哪里探险？

你最喜欢哪种天气？

四川教育出版社

地球是什么？

地球是一颗巨大的蓝色星球，它在太空中不停地转动着。

地球上居住着各种各样的生命，它是我们的家园。

陆地上和海洋中生活着各种动植物。

其他星球上有生命吗？

目前我们还没在别的星球上发现生命。幸亏地球上有空气、水、阳光和温度适宜的环境，这里才成了生命的家园。

地球背对着太阳的地方就是夜晚。

为什夜晚天会黑？

地球是不规则球体，只有一部分对着太阳，对着太阳的区域才会有光照，背对着太阳的区域就是夜晚。

北极熊

企鹅

南极点

北极点

月球

驯鹿

狮子

人类利用望远镜和宇宙飞船探索太空。我们已经成功登上月球啦！

地球的这一面正对着太阳，所以这里是白天。

为什么地球需要太阳？

太阳是太空中一颗巨大的、炽热的星球，地球围绕着太阳转动。太阳给予我们的光和热足以让植物生长。如果没有太阳，地球将会变成一颗黑暗、冰封的星球，并且将不再有生命存在。

地球像一张拼图吗？

没错，地球的表面就是由不同的"碎片"拼起来的！这些"碎片"被称作板块，它们由岩石构成。板块中最厚的部分超出海平面，变成了陆地，也就是我们生存的地方。

板块漂浮在岩浆上

板块在持续缓慢地运动着，并不断地创造出新的陆地、海洋和山脉

山是如何长高的？

大部分的山是板块碰撞形成的，一个运动的板块与另一个板块碰撞并产生挤压，岩石堆叠起来，就形成了山。

板块运动也会引起地震和火山喷发

最高的山有多高？

地球上最高的山峰是珠穆朗玛峰，高达 8 844.43 米。珠穆朗玛峰是喜马拉雅山脉中的一座山峰。

我们斑头雁是飞得最高的几种鸟类之一，能在喜马拉雅山脉上空翱翔。

石山羊

山上有哪些居民？

身手敏捷的雪豹在陡峭的滑坡上追逐着石山羊。在寒冷的高山上生活十分困难，因为这里常年被冰雪覆盖。

山脉通常都有几百万岁，不过落基山脉深处的一些岩石可能在 10 亿年以前就形成了！

雪豹

碰撞

运动着的板块碰撞到一起

岩浆

彩虹是如何形成的？

虽然我们用肉眼无法分辨，但是，阳光其实是由七种色彩组合而成的。当一束阳光穿过雨滴时，它会重新分散成七种色彩。这样就在天空中形成了一个由红橙黄绿蓝靛紫的光带组成的巨大拱门。

阳光拥有构成彩虹的所有色彩

光线穿透雨滴

阳光分散成七种色彩

不同颜色的光线在穿过雨滴时弯折程度不同。

光在水滴里发生弯折

不同色彩的光离开水滴后，在天空中共同形成了一道彩虹

为什么会打雷？

在雷雨天，你听到的巨大雷声其实是由闪电造成的。发生闪电时，周围空气被加热到很高的温度，空气受热后迅速膨胀并发出了巨大的轰鸣声，我们称之为雷鸣。

为什么雪是白色的？

雪由许许多多的小冰晶构成，它们对各种颜色的光都会均匀地反射。各种颜色的光混合在一起，就成了白光，因此雪在我们的眼中就是白色的。

雪花由冰晶构成，每片雪花都不一样！

你知道吗？

最响的雷鸣声可以摇动房屋并且震碎玻璃窗。

到过月球的人比到过海洋最深处的人要多。

如果把珠穆朗玛峰搬到大洋最深处，它的最高点也无法露出水面！

地球板块的运动速度非常慢，甚至有时每年只移动 2 厘米。

蜜蜂可以看到阳光中人眼看不到的色彩，但是它们无法识别红色！

当月光足够亮的时候，你也许会看到一道彩虹。这种现象被称作月虹。

由于地球自转，你在南极或者北极时的体重会大一些！

如果你在周一的早餐时间搭上了一架绕地球飞行的飞机，那么，等飞完一圈回家，你刚好可以赶上周三的午餐！

银河系只有一个太阳，但是在外太空有超过 2000 亿个类似太阳的恒星！

地球的核心比太阳的表面更热。

蝙蝠居住的洞穴里，会积累一层极厚的蝙蝠粪便。这些粪便太臭了，它们散发出的味道足以杀死那些想搬进洞穴的动物们。

火山喷发出大量的岩浆，足以推平它们遇到的一切。

地球像是一块巨大的磁铁。斑头雁之类的动物们在它们漫长的旅途中会利用地磁场定位。

火山深处极高的温度使得水沸腾持续形成蒸汽。这里可以形成固体黄金层。

一些湖泊冻住的时候，冰层厚度可以达到一米。在上面开车都没问题！

安第斯山脉是地球上最长的山脉，横跨了七个国家！

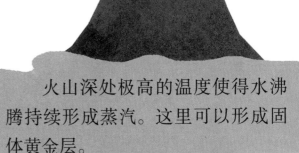

水循环是什么？

太阳

水在地球上循环的过程称为水循环。地球上大部分的水是咸的。

开始形成云

水蒸气上升

虽然我们无法看见，但实际上我们周围到处都是水。水不仅存在于江河湖海，它还存在于我们身边的空气里和脚下的土壤中。

海洋中的水受热变成了水蒸气。这个过程称作蒸发。水蒸发了，而其中的盐则留在了海洋里

人类使用淡水解渴、做饭、洗漱、种植农作物及喂养动物等

水蒸气降温变成了液态的水，
随后变成了雨或者雪降落。
这些都是可以喝的淡水

有些水会在
地面流淌

水从山上的
河流流下来

水力发电大坝

河流入海

河流如何为一座城镇"充电"？

当河流流过水力发电大坝时，它们的水位落差力会推动水流发电机，发电机将水流的能量转化为电力。

有几个大洋？

地球上有四个大洋，这些大洋相互连通组成了巨大的世界大洋。地球大部分的表面被海洋覆盖——大约有70%！

在基岩海岸，进进出出的海水会冲刷出潮水潭

珊瑚礁中生活着各种各样的动物

哪种海洋动物可大可小？

珊瑚虫！珊瑚虫是一种很小的动物，它们会在身体的周围建立起一个小小的"石头房子"，但是当成千上万的珊瑚虫聚集到一起时，它们可以共同组成一个活着的珊瑚礁。珊瑚礁是许多海洋动物的家！

为什么海水是咸的？

海水中的盐主要来自陆地上的岩石。河流冲刷岩石将陆地上的盐分带到了海里。有些盐分也来自海洋底部的岩石。

我是一条鹦嘴鱼，我会啃食珊瑚礁并排泄出沙子。黄金海岸上都是我的便便！

大洋中的水一直在运动，它们在地球上的流动被称作洋流。

风推动表层海水形成波浪

我是一只绿海龟，我平时在海里生活，但是会去岸上下蛋。

我是一条灰鲭鲨，我是海洋里游得最快的鲨鱼。

海洋有多深？

海洋与陆地交界的地方很浅，但远离陆地的大洋非常深，大洋深处又黑又冷。那里生活着一些奇怪的动物！

狼牙鱼

琵琶鱼

13

什么是赤道?

赤道是一条想象中的线，它从正中间将地球一分为二。在赤道附近，一年中的大部分时间天气十分炎热，光照充足。

北极圈

北美洲

欧洲

我是一只美洲豹，我生活在南美洲的亚马孙热带雨林中。

赤道附近光照强烈，每个白天都恰好是 12 个小时。

赤道

南美洲

我是一只帝企鹅，我和其他许多企鹅、海豹及鸟类生活在冰封的南极大陆。这里是地球上最寒冷的地方！

阳光会点亮哪里的午夜?

在世界最北部,夏天太阳永不落下,像加拿大、美国的阿拉斯加州、俄罗斯、格陵兰岛、挪威和瑞典这些国家或地区的某些地方,即使在夜晚,也可以看见太阳。但是,那些地方的冬天则是永远的黑暗与寒冷。

我是一只北极熊,我居住在北极的冰天雪地里,我喜欢吃海豹!

我是一只老虎,我喜欢雨天。我居住在印度的热带森林里,我是个游泳健将。

亚洲

非洲

什么是雨季?

在赤道附近的热带地区,气候炎热又潮湿。被称作季风的强风会在夏季带来充足的降水。这个季节被称作雨季。

大洋洲

南极洲

看数字，学科学

地球围绕太阳公转一周需要 **1** 年。

一天有 **24** 个小时，因为地球自转一周需要这么久。

1 年有 **365** 天。

地球平均每年会有 **50** 次火山喷发。

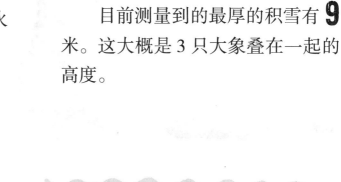

目前测量到的最厚的积雪有 **9** 米。这大概是 3 只大象叠在一起的高度。

在北极的冬天，海水也会被冻住。在某些地方，海冰的厚度可以达到 **3** 米。

世界大洋中最深的地方叫作马里亚纳海沟。它大约有 **1万** 米深！

北极燕鸥每年可以享受**2**次夏天。这些白色的鸟儿为了最好的天气会从北极飞到南极！

在热带雨林，每年的降水量大约是**10 000**毫米，而在最干旱的沙漠里，每年的降水量不足1毫米。

世界大洋中的一滴水以滴水的速度绕地球一圈大约需要**1 000**年。

一个太阳可以装下**130万**个地球。

地球大约**46亿**岁了。

在靠近地球南极点的地方，温度可以降到**−50℃**以下。

在最近的**50**年里，地球有大约1/3的热带雨林被砍伐。

没有人知道地球上究竟有多少种动物，但是肯定超过了**1000万**种。

所有的荒漠都很热吗?

不是,荒漠可能炎热也可能寒冷。不论炎热还是寒冷,荒漠都是干燥的地方,因为这里很少下雨。实际上,炎热多沙的撒哈拉沙漠的降水比南极还多一些,南极在一定程度上也是一个寒风凛冽、冰雪覆盖的荒漠!

石林

石柱

石拱门

为什么荒漠中的岩石看起来那么奇怪?

风吹起荒漠中的沙子,这些沙子打磨着岩石。日久天长,岩石就被"雕刻"成了石柱、石拱门和石林等形状。

我为什么需要这么大的耳朵?

这对大耳朵可以帮助生活在撒哈拉沙漠中的耳廓狐散发更多的热量。它们也可以帮助耳廓狐更清晰地听到沙子下面的昆虫活动的声音。

为什么企鹅不会
生冻疮?

企鹅的身体经过漫长的进化已经适应了南极的生活环境。它厚厚的羽毛就像是一层防水毛毯,并且温暖的血液可以直达脚底,因此它们不会被冻伤。

企鹅通过把蛋放在脚上来给蛋保温

沙漠绿洲

什么是沙漠绿洲?

沙漠绿洲是在炎热的沙漠中,可以找到水的地方。它是沙漠中为数不多的有植物生长的区域。

我们是贝都因人。我们住在帐篷里,帐篷就是我们的家,我们可以带着帐篷去寻找沙漠绿洲和食物。

雨林里每天都会下雨吗？

猴子和鹦鹉在这里享受着热带水果大餐

很有可能！雨林分布在赤道附近的热带地区。亚马孙雨林是世界上最大的雨林。它位于南美洲，是包括从小小的蚂蚁到参天大树等数百万种动植物的家园。

为什么植物很重要？

动物们需要植物才能生存，因为植物可以生产氧气。氧气存在于空气中，我们需要呼吸氧气才能生存。植物也是我们和其他许多动物的食物。植物死后会腐烂并转化为土壤中的有机物滋养大地，而我们则会利用它们提供的养分种植更多的植物。

热带雨林里的植物有着巨大的叶片，并且它们可以常年开花。

雨林的地面是真菌、蛙类、蚂蚁及许多其他昆虫的家园

树木为了接触到阳光，都长得又高又直

雨林也可以很热闹。鸟儿鸣，虫儿叫，偶尔还能听到猴子的嚎叫声。听，我正在呼唤朋友们！

蜥蜴和蛇吃昆虫

安静的美洲豹潜伏在黑暗的角落或者高高的树枝上

蓝闪蝶

藤本植物，顾名思义就是那些长着长长的、弯曲的藤蔓，有着众多分叉，在地面匍匐生长的植物

你更喜欢什么？

你更想去太空中寻找外星人，还是深潜到海底去寻找奇形怪状的鱼类？

如果你是固态的水，你更想成为一片雪花，还是成为一枝冰凌？

你更想成为巍峨的高山，还是成为绚丽的彩虹？

你更想像猴子一样在林间荡来荡去，还是像鱼一样在水里游来游去？

你更想坐哪种船？是亚马孙河上的一条独木舟，还是大西洋上的一艘帆船？

你更想挖掘钻石，

还是恐龙化石？

如果你要搬家，你更想像耳廓狐一样生活在沙漠，还是像北极熊一样生活在北极？

如果你是一株植物，你想成为热带雨林里的参天大树，还是长满刺的仙人掌？

23

我们从地球得到了什么？

我们从地球得到了许多东西，它们统称为自然资源。动植物为我们提供食物和服装。我们使用金属和其他矿物制造工具。我们还利用风和水发电。

塑料坚固并且防水。它们通常由石油加工而来，而石油则是千百万年前生活在海洋或湖泊里的微生物的遗体转化而成的

玻璃来自砂砾

我的自行车是用地球上的各种材料制成的。

橡胶是一种易弯曲、高弹性的材料，它们是橡胶树的产物

岩石是各种矿物的组合。金银等金属都是矿物。沙子中含有大量被称作石英的矿物

金属

化石

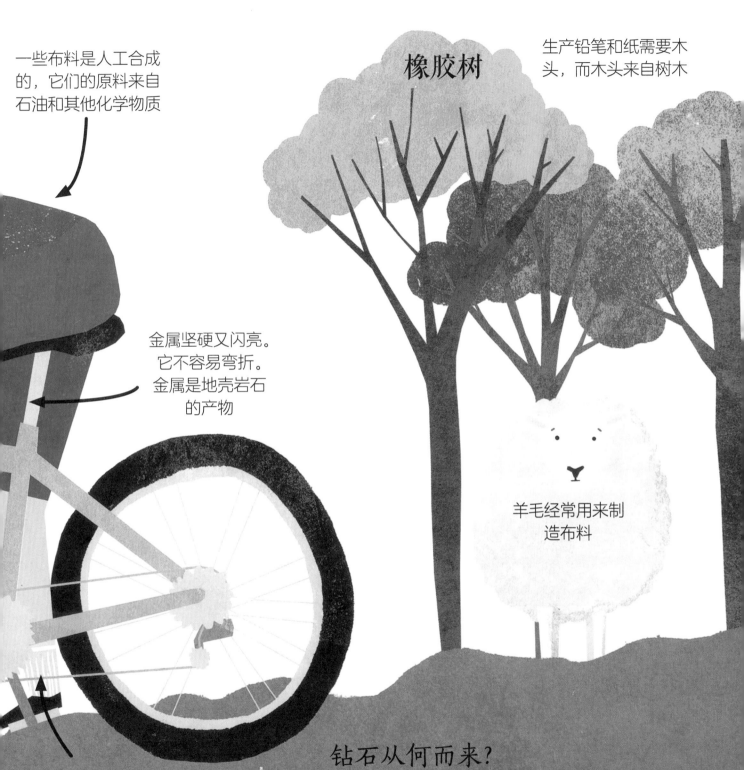

一些布料是人工合成的，它们的原料来自石油和其他化学物质

橡胶树

生产铅笔和纸需要木头，而木头来自树木

金属坚硬又闪亮。它不容易弯折。金属是地壳岩石的产物

羊毛经常用来制造布料

有些布料是天然的，它们来自植物或动物的毛发

钻石

钻石从何而来？

钻石是一种在地壳深处形成的矿物质。钻石是最硬的天然材料，它们可以被切割。被切割后的钻石成为了闪耀又珍贵的宝石。

为什么地球需要我们的帮助？

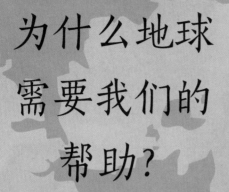

我们对地球造成了许多伤害！

我们砍伐了太多的树。树木可以为我们提供呼吸用的氧气，它们还是许多动物的家园。

我们排放污水污染海洋。肮脏的海水杀死了珊瑚礁和很多动物。

我们污染了大气。温室气体使我们的气候变暖。

那么你可以做什么呢？

回收利用废品，而不是直接扔掉。

刷牙时关上水龙头。

电脑不用的时候关机而不是启动屏幕保护。

充电器不用时拔掉插头。

捡垃圾

种树

参与环保活动！

地球日快乐！

4月22日是每年的"地球日"，世界各地的人们参与到各种活动中帮助改善地球环境。

有趣的问题

地球会永远存在吗？

地球已经存在了大约 46 亿年，但是它还是个非常年轻的星球，所以不用担心！

人家还是个星球宝宝呢！

地球在太空中旋转的时候我们为什么不会从地球上掉下去？

谢天谢地，有一种叫作重力的力将我们"吸"在了地球表面。有点像是我们和地球在"拔河"，由于地球比我们重得多，因此我们被拉向了地球中心。

蛇可以在南极生活吗？

南极没有蛇。冰天雪地的南极太冷了。蛇的体温与周围环境相同，它们在南极会被冻死。它们需要生活在温暖的环境中！

为什么我的自行车会生锈？

自行车一般是由一种叫作铁的金属制造的。当铁沾上了水（比如雨水），空气或水中的氧气在有水的环境会趁机腐蚀铁，并形成一种新的叫作氧化铁的化合物，也就是我们常说的铁锈。